Rebecca Zehetmair

Auswirkungen der Ernährung und des Krafttrainings auf den Muskelaufbau im Vergleich zum Einsatz von Dopingmitteln

GRIN Verlag

Bibliografische Information der Deutschen Nationalbibliothek:

Die Deutsche Bibliothek verzeichnet diese Publikation in der Deutschen Nationalbibliografie; detaillierte bibliografische Daten sind im Internet über http://dnb.d-nb.de/ abrufbar.

Impressum:

Druck und Bindung: Books on Demand GmbH, Norderstedt Germany
ISBN: 978-3-656-95832-1

Cusanus-Gymnasium Erkelenz

Facharbeit

im Grundkurs Biologie

Thema: Auswirkungen der Ernährung und des Krafttrainings auf den Muskelaufbau im Vergleich zum Einsatz von Dopingmitteln

Verfasserin: Rebecca Zehetmair

Abgabetermin: 15.03.2013

Inhaltsverzeichnis

1. Einleitung

Im Rahmen meiner Facharbeit beschäftige ich mich mit dem Muskelaufbau, verursacht durch ein Zusammenwirken von sportlicher Aktivität in Form von Krafttraining und natürlicher Ernährung. Zusätzlich werde ich im weiteren Verlauf einen Vergleich mit dem Einsatz illegaler anaboler Substanzen heranziehen. Für einen erleichterten Einstieg in die Thematik werde ich zunächst die Skelettmuskulatur des Menschen beschreiben und daraufhin näher auf die biologischen Prozesse eingehen, die sich während und bereits vor dem Muskelaufbau vollziehen. Anschließend folgt eine Vorstellung der Trainingsgrundsätze, die den Muskelaufbau reizen. Dies wird in Verbindung mit der Aufnahme natürlicher Substanzen gebracht, die ebenfalls den Muskelzuwachs fördern. Darauf wird eine Vorstellung des Einsatzes von Anabolika folgen. Im Folgenden erläutere ich, wie sich dieser auf den Muskelzuwachs auswirkt und werde die Nebenwirkungen herausarbeiten. Schließlich wird der Bezug zu den Auswirkungen der natürlichen Ernährung und des Trainings hergestellt und beides miteinander in Verbindung gebracht. Bewusst wähle ich diese Reihenfolge und setze den Schwerpunkt der wissenschaftlichen Arbeit auf den natürlichen Muskelaufbau durch Sport und Ernährung ohne jegliche Zufuhr von künstlichen Präparaten. Ich halte es für besonders essentiell, die zahlreichen Nebenwirkungen anaboler Substanzen herauszustellen. Bekanntlich sind die Folgen von Anabolika immens und es sollte großer Wert auf die kritische Auseinandersetzung mit einer Einnahme derartiger Präparate gelegt werden. Es besteht die Notwendigkeit, über Grundkenntnisse bezüglich anaboler Steroide zu verfügen, wenn auch jeglicher Kontakt mit diesen für den fairen Leistungssport ausgeschlossen ist. Eine Konfrontation mit dem genannten Thema ist meines Erachtens unumgänglich, da aktuell immer wieder bekannte Hochleistungssportler auf illegale Substanzen zurückgreifen. Zwar erfordert der Muskelaufbau in natürlicher Form mehr Aufwand und Geduld, jedoch soll in dieser Facharbeit betrachtet werden, ob sich eine Einnahme von Anabolika mit teils tödlichen Nebenwirkungen überhaupt rentieren kann. Sicherlich gibt es auch vorteilhafte Auswirkungen derartiger Substanzen wie etwa ein überproportionales Muskelwachstum in relativ kurzer Zeitspanne, doch ich möchte insbesondere auf die Gefahren hinweisen, die ein Einsatz von Anabolika mit sich bringt. Ziel ist es daher, die scheinbaren Vorteile aufzudecken und herauszustellen, dass ein gesunder Körper auch ohne Doping durch gutes Training und die richtige Ernährung gesund und fit bleiben kann. Aus eigenen persönlichen Interessen in den Bereichen Biologie und Sport, die in diesem Themenzusammenhang direkt miteinander verknüpft werden können, habe ich mich für die Behandlung dieses Themas entschieden. Ein weiterer Grund, der mich dazu bewegte dieses Thema zu wählen, ist der immer wiederkehrende Bezug zur Aktualität. Immer mehr Menschen halten es der Ästhetik wegen für notwendig, Sport zu treiben und gezieltes Muskeltraining zu absolvieren. Nicht zuletzt aber steht der Muskelaufbau auch als Faktor, der die Gesundheit fördert, im Vordergrund.

2. Die Muskulatur des Menschen

Der Mensch besitzt etwa 656 Muskeln, von denen nicht alle bewusst gesteuert werden können. Man unterscheidet zwischen drei verschiedenen Arten der Muskulatur. Es gibt die unwillkürliche glatte Muskulatur, die speziell quergestreifte des Herzmuskels und letztlich die ebenfalls quergestreifte, willkürliche Skelettmuskulatur.[1] Das Krafttraining zielt auf den Aufbau der Skelettmuskulatur ab, die vom Zentralnervensystem aktiviert werden kann und dem menschlichen Willen unterliegt[2]. Unter dem Lichtmikroskop wird eine quergestreifte Anordnung der Fibrillen in jeder Muskelfaser erkennbar, woher auch die Bezeichnung stammt. [3]

Prinzipiell wird zwischen zwei unterschiedlichen Muskelfasertypen unterschieden. Zum einen gibt es die langsam zuckenden Typ-I-Muskelfasern, welche eine ausdauernde Funktion haben. Dieser Typ wird auch als rote Muskulatur bezeichnet, weil das Gewebe eine große Menge des roten Farbstoffs Myoglobin enthält. Dieser Farbstoff dient als Transportmittel und zugleich als Speicher für Sauerstoff. Innerhalb dieser Muskelfasern sind zahlreiche Mitochondrien, die sogenannten Kraftwerke der Zelle enthalten.[4] Beim Krafttraining oder Bodybuilding ist vorrangig eine Betrachtung der Typ-II-Fasern erforderlich, weil diese ein nachweislich größeres Potenzial zur Muskelfaserverdickung aufweisen.[5] Diese Muskulatur wird aufgrund geringer Menge an rotem Myoglobin auch weiße Muskulatur genannt. Beim Gewichtheben etwa wird primär die Maximal- und Schnellkraft trainiert. Durch die Typ-II-Fasern kann innerhalb einer kurzen Zeitspanne enorme Kraft

---

[1] http://www.dr-gumpert.de/html/muskulatur.html
[2] http://www.natural-bb.de/phpBB_CMS/index.php?cat=3&topic=1866&post=17198
[3+5] Dt. Hochschule für Prävention u. Gesundheitsmanagement. *Studienbrief Trainingslehre 1,S.95*
[4+6] Grillparzer, Marion (2007) *Körperwissen, S.160*

aufgebracht werden, da Glukose hauptsächlich ohne Sauerstoff (anaerob) verbrannt wird, um eine schnelle Energieversorgung zu gewährleisten.[6] Sprinter, die ebenso einen überwiegenden Anteil an Muskeltyp-II-Fasern besitzen, entwickeln in kurzer Zeit gewaltig hohe Kräfte. Jedoch ermüden diese Muskeln wiederum schneller weil das ATP, welches anaerob gewonnen wurde, bereits in Kürze aufgebraucht ist. Zugleich besitzt dieser Typ gegenüber den roten, langsam zuckenden Typ-I-Fasern ein größeres Potenzial zur Muskelfaserverdickung sowie eine höhere elektrische Erregbarkeit[7], worauf die extreme und impulsive Leistung zurückzuführen ist. Im Normalfall besteht ein ausgewogenes Verhältnis zwischen den zuvor aufgezeigten Typen. Diesen ,,Zwischentypen beider Fasern bezeichnet man als einen intermediären Typen. Die prozentuale Verteilung ist vorrangig genetisch bedingt, kann jedoch durch Sport in eingeschränktem Maße gelenkt werden. Ein Langläufer hat folglich überwiegend Typ-I-Fasern, wohingegen ein Sprinter oder auch ein Bodybuilder einen größeren Teil Muskeln des zweiten Typs besitzt.

Die Muskulatur wird durch ein Gegenspieler-Prinzip ausgemacht. Bei einem gezielten Krafttraining bleibt das physiologische Verhältnis von Beugern und Streckern (Agonisten und Antagonisten) eines Gelenkes erhalten und trägt daher zur Funktionsfähigkeit des jeweiligen Gelenkes bei.[8] Die einzelnen Muskeln besitzen lediglich die Fähigkeit sich aktiv zusammenzuziehen, nicht aber können sie sich strecken. Bei Anstrengung des jeweiligen Gegenspielers, wie z.B. beim Trizeps der Bizeps, erfolgt eine passive Dehnung.[9] Durch eine optimale Kooperation der Muskelgruppen untereinander ist eine fließende Muskelbewegung möglich. Für den koordinierten Bewegungsablauf sind des Weiteren Synergisten erforderlich. Diese ,,Mitspieler gewährleisten auch komplexere motorische Bewegungen, bei welchen zugleich mehrere Muskelgruppen beansprucht werden.[10] Ein Beispiel hierfür wäre etwa die Beugung des Hüftgelenks oder des Oberarms.

3. Der Muskelzuwachs

3.1 Gründe für den Muskelaufbau durch Krafttraining

[7+10] Dt. Hochschule für Prävention u. Gesundheitsmanagement. *Studienbrief Trainingslehre* 1,S.81
[8] Müller- Wohlfahrt, H.-W. (2002) *Mensch, beweg Dich*, S.109
[9] Kleesattel, Dr. Walter (2007). *Biologie Kompaktwissen Oberstufe*, S.75

Zur näheren Hinführung ist es von Bedeutung, warum ein Muskelaufbau vorteilhaft ist und aus welchen unterschiedlichen Gründen er angestrebt wird. Grundsätzlich stehen die Kriterien Ästhetik, Gesundheit und Aufrechterhaltung bzw. Steigerung der Leistungsfähigkeit im Vordergrund. Bei einem Krafttraining ist, wie der Name es besagt, eine gezielte Kräftigung des Muskelapparates das Ziel. Angewendet wird es des Weiteren in der Therapie und medizinischen Rehabilitation. Auswirkungen hat es außerdem auf den Herz-Kreislauf-Parameter. In dieser Hinsicht konnten bereits verringerte Blutdruckwerte festgestellt werden. Krafttraining steigert zusätzlich die Fitness und nicht zuletzt auch das allgemeine Wohlbefinden. Ein weiterer Grund für ein gezieltes Training zur Kräftigung der Muskelmasse besteht darin, dass die neuromuskuläre Reaktion des Körpers verbessert wird. Besonders im Alter ist ein intaktes Zusammenwirken der Nerven und Muskeln von Bedeutung. Natürlicherweise nimmt mit dem Alter auch die Leistung und Muskelmasse ab, wobei durch ein gezieltes Krafttraining diesem Schwund zumindest ein Stück weit entgegen gewirkt werden kann. Durch die Stärkung der Muskulatur kann der altersbedingte Muskelabbau (Sarkopenie) aufgehalten werden. Diese Begleiterscheinung des Alterns hängt mit einem Bewegungs- und Belastungsmangel zusammen.[11] Somit kann der inaktive Mensch ein Drittel, manchmal sogar bis zu 40 Prozent seiner jugendlichen Muskulatur und Kraft eingebüßt haben. Gleichzeitig nimmt der Körperfettanteil erheblich zu [12]. Somit ist auch letzteres ein Beweggrund zum Krafttraining. Der Aufbau der Muskeln wird demnach gefördert, um gleichzeitig die Fettanteilzunahme aufzuhalten. Selbst in Phasen der Entspannung kann durch das Krafttraining ein größerer Anteil an Kohlenhydraten verbrannt werden. Eine Studie der Zeitschrift „Human Biology erforschte die metabolische Ruhe Rate (die Geschwindigkeit, mit welcher der Kalorienverbrauch des Körpers im Ruhezustand stattfindet) bei zusätzlicher Muskelmasse. Es stellte sich heraus, dass sich der Grundumsatz durch zusätzliche 1,4 Kilogramm an Muskelmasse um sieben Prozent erhöht hat.[13] Ein weiterer Aspekt ist die Prävention. Im Bereich der Gesundheit kann der Rücken gestärkt und somit einige Erkrankungen wie z.B. Bandscheibenschäden oder Rückenschmerzen vorgebeugt werden. Letztlich ist auch das Streben nach sportlichem Erfolg für

---

[11] Wohlfahrt, H.-W. (2007) *Mensch, beweg Dich, S.107*

[12] Vgl.ebd.,S.108

[13] Bloss, Oliver (2011) Men's Fitness.*Warum Sie Gewichte stemmen sollten*. Ausgabe 08/11, S.11

das Krafttraining entscheidend. In erster Linie wird auch aus diesem Zweck beim Bodybuilding oftmals auf anabole Präparate zurückgegriffen.

3.2 Rekrutierung und Frequenzierung

Bevor der Muskel beginnt zu wachsen, erfolgen auch auf neuronaler Ebene bestimmte Anpassungsprozesse (Adaptionen).[14] Zuvor inaktive Muskelfasern müssen durch das Nervensystem optimal stimuliert werden, um aktiv mitzuwirken. Die Kraft wird somit in erster Linie gesteigert, weil nach und nach immer mehr Muskelfasern zum Kraftaufwand zur Verfügung stehen. Zurückzuführen ist dies auf die beiden Mechanismen Rekrutierung und Frequenzierung. Die Kraft der Kontraktion der Muskulatur hängt auch von der Fähigkeit des Nervensystems ab und davon, wie viele motorische Einheiten, d.h. die funktionellen Einheiten aus Nerv und den von ihm versorgten Muskelfasern, aktiviert sind. Bei der Rekrutierung wird die Anzahl der aktivierten motorischen Einheiten erhöht, wodurch eine schnellere Reaktionsfähigkeit möglich ist. Der Vorgang der Frequenzierung beschreibt hingegen, dass die Impulsfrequenz, die sich auf die motorischen Einheiten bezieht, erhöht wird. Beides muss in einem ausgewogenen Maße in den Kontraktionsvorgang miteinbezogen werden, um die Bewegung möglichst fließend auszuführen. Dies nennt man die Synchronisation der motorischen Einheit. Letztendlich können in kleineren temporären Abschnitten mehrere Muskelfasern gleichzeitig in den Bewegungsvorgang involviert werden. Dies wird auch als die intramuskuläre Koordination bezeichnet.[15] Durch gezieltes Training geht die Aktivierung der motorischen Einheiten mit einer Zunahme an Muskelmasse einher.[16] Besonders für einen beginnenden Kraftsportler spielen die Rekrutierung wie auch die Frequenzierung eine entscheidende Rolle, weil anfängliche Kraftzuwächse auf neuronale Adaption und weniger auf die Hypertrophie zurückzuführen sind.[17]

3.3 Biologische Prozesse bei der Hypertrophie

Es ist empirisch belegt, dass der Muskelzuwachs durch eine Querschnittsvergrößerung (Hypertrophie) erfolgt und diese überwiegend die Typ-II-Muskelfasern betrifft. [18] Eine andere Theorie geht davon aus, dass die

[14] Dt. Hochschule für Prävention und Gesundheitsmanagement. *Studienbrief Trainingslehre 1.* S.98
[15] Vgl. ebd.

[16]Vgl. Abbildung 1.) im Anhang
[17-18]Dt. Hochschule für Prävention und Gesundheitsmanagement. *Studienbrief Trainingslehre 1* S.98

Anzahl der Myofibrillen oder Fasern ansteigt (Hyperplasie). In einigen Versuchen jedoch kam man sogar zu widersprüchlichen Ergebnissen, was den Muskelaufbau durch die Hyperplasie betrifft. Da letztere also empirisch nicht nachgewiesen wurde und herausgestellte Befunde nicht als gesichert gelten[19], wird sich folgende Beschreibung auf die wissenschaftlich erwiesene Hypertrophie beziehen.

Durch die hohe Belastung bei einem effektiven Krafttraining brechen die Muskelfasern auf, wodurch mikroskopische Risse entstehen. Man bezeichnet dies auch als Mikrotraumatisierung der Muskelzelle. An den verletzten Stellen docken die sogenannten Satellitenzellen bzw. Myoblasten an, welche in Hypertrophie-Prozessen eine bedeutende Rolle spielen. Eine Aktivierung dieser wird durch regulatorische Faktoren, also spezielle Hormone wie das männliche Wachstumshormon Testosteron hervorgerufen. Die Myoblasten gehören zu den Stammzellen und können als Vorläuferzellen der Skelettmuskelfasern betrachtet werden. Als Stammzellen tragen sie zum Aufbau, Erhalt und zur Regeneration des Muskelgewebes bei.[20]

Nach ihrer Aktivierung also wandern die Satellitenzellen in das verletzte Areal der Muskelfaser, wo sie miteinander zu Myotuben fusionieren, einem vielkernigen Muskelstrang als Zwischenstufe der endgültigen Muskelfaser. Die Myotuben verschmelzen letztlich mit der eigenen Muskelfaser, wodurch der durchaus größere Querschnitt der Muskelfaser als vor dem Mikrotrauma zustande kommt.[21].

Die mikrotraumatisierten, also beschädigten Muskelfasern benötigen zur Regeneration neue Zellkerne, welche ebenfalls von den Satellitenzellen, die sich selbst vermehren, zugeführt werden. Die Muskelfasern selbst haben keine Teilungsfähigkeit, d.h. eine autonome Regeneration wäre nicht möglich und bei Beschädigung der Muskulatur müssten Zellen absterben. Man geht davon aus, dass die Anzahl der Satellitenzellen zwar mit ansteigendem Alter abnimmt, sie jedoch für ein Leben ausreicht.[22] Bei einem gesunden Menschen dürfte somit die allgemeine Reparationsfähigkeit der Satellitenzellen niemals

---

[19-22] Dt. Hochschule für Prävention und Gesundheitsmanagement. *Studienbrief Trainingslehre* 1 S.98

ausgeschöpft sein. Auch bei der Regenerationsphase nach körperlich ermüdenden Betätigungen werden Reparaturprozesse der mikrotraumatisierten Muskelfasern von den Satellitenzellen bewerkstelligt. Die unter der äußersten Hülle der Muskelzelle liegenden Stammzellen kommen auch hier zum Einsatz und setzen sich an die verletzte Stelle der Muskelfaser. Dort verschmelzen sie zu einem vielkernigen Muskelschlauch, der dann zu einer Muskelfaser ausreift. [23] Dadurch wird schließlich eine abgestorbene (nekrotische) Muskelfaser durch eine neue und optimierte Muskelfaser ersetzt. Bedeutsam ist, dass Satellitenzellen ausschließlich in verletzten Bereichen aktiviert werden, nicht aber bei intakten. Dies hat in Verbindung mit den Anforderungen an eine optimale Trainingseinheit besonderen Stellenwert. Zusammenfassend sind Satellitenzellen für die Produktion der für die Muskulatur notwendigen Proteine und somit für die Regeneration zuständig. Sie vereinen sich mit der traumatisierten Muskelfaser, welche nachher leistungsstärker und größer vorliegt als zuvor.

4. Zusammenwirken von Training und Ernährung

4.1 Krafttraining und der Trainingsreiz

Basierend auf den vorangegangenen Ergebnissen, wird durch ein Krafttraining jeglicher Art zunächst eine Verbesserung der intramuskulären Koordination erfolgen. Funktionelle Veränderungen des Nervensystems gehen also der wirklichen Hypertrophie voraus. Betrachtet man die Voraussetzungen eines optimalen Muskelwachstums, muss für ein Hypertrophie-förderndes Krafttraining ein adäquater Trainingsreiz gesetzt werden.[24] Ein hohes Maß an Beanspruchung ist erforderlich, da in anderem Fall keine mikroskopisch erkennbaren Risse entstehen und die Satellitenzellen folglich nicht aktiviert würden. Um die Hypertrophie der Muskeltyp-II-Fasern zu bewirken, sind hohe Widerstände mit hoher Geschwindigkeit erforderlich (Intensität ca. 60-80% der maximalen Übungsbestleistung)[25] Aus den hohen Belastungen folgen Mikrotraumen der Muskelfasern, wodurch die Satellitenzellen zur Synthese aktiviert werden und schließlich der Reparaturprozess in Gang gesetzt wird. Zu bedenken ist jedoch, dass ein exzessives Training vom eigentlichen Ziel abbringen kann und den Aufbauprozess eher verzögert, weil die Regenerationsfähigkeit nicht ausreicht um schwerwiegende Verletzungen auf Anhieb zu reparieren. Bei einer zu langen Reparaturdauer muss das Training

---

[23] Dt. Hochschule für Prävention und Gesundheitsmanagement. *Studienbrief Trainingslehre* 1 S.96
[24] Vgl.ebd.,S.95
[25] http://www.sportunterricht.de/lksport/muauf3.html

für einen gewissen Zeitraum ausgesetzt werden und es kann durch dieses Pausieren sogar sein, dass der Hypertrophie durch eine Nichtbetätigung entgegengewirkt wird. Die Beanspruchung muss daher von hoher Intensität sein und den Organismus fordern. Jedoch kann eine zu hohe Intensität wiederum zu chronischen oder akuten Verletzungen führen. Es ist daher wichtig, das Mittelmaß zu finden. Nach dem gesetzten Trainingsreiz folgt die Regeneration, damit die Reparatur der Zellen rechtzeitig bewerkstelligt werden und die Leistung nach und nach gesteigert werden kann. Wird genügend Reiz auf den Muskel ausgeübt, so wird er die Notwendigkeit empfinden, sich an die höhere Belastung anzupassen (Adaption)[26].Im Normalfall besteht stets ein Gleichgewicht (Homöostase) zwischen aufbauenden und abbauenden Kräften innerhalb des Körpers[27]. Wird der Körper in besonderem Maße beansprucht, so wird dieses Gleichgewicht gestört. In einer Erholungsphase erlangt der Organismus nicht nur seinen ursprünglichen Zustand wieder, sondern kann ihn mit der richtigen Ernährung in der Pause und angemessenem Zeitraum, übertreffen.[28] Wichtig ist aber die Regelmäßigkeit des Trainings, da der Körper sonst in seiner Leistung wieder abfallen könnte. Der Schlüsselfaktor für die Hypertrophie ist die Superkompensation.[29]So bezeichnet man die physische Reaktion des Organismus, wenn er eine Leistungsfähigkeit über dem Niveau seiner ursprünglichen Fähigkeit aufbaut [30] Nach dem gesetzten Reiz stößt der Organismus an seine Grenzen und die Muskelfasern sind erschöpft. Dann folgt die Regenerationsphase. Die Leistung wird an die Anforderungen, die nach jeder Übung gesteigert werden können, angepasst. Der Körper bereitet sich gewissenmaßen auf zukünftige Belastungen vor. Würde man demnach ein Training bei gleichbleibender Intensität beibehalten, würde als Folge der Muskelaufbauprozess stagnieren, da es zu keiner Adaptation käme. Deswegen muss die Beanspruchung immer wieder gesteigert werden, man spricht auch von einem Übertraining oder Progression.[31]

4.2 Natürliche Nahrung und die Wirkung auf den Muskelaufbau

Dem Organismus müssen im Anschluss eines intensiven Trainings hinreichende Mengen an Kohlenhydraten und Proteinen zur Verfügung

[26] Vgl. Despeghel, Michael. *High Intensy Training*
[27] http://www.novafeel.de/fitness/training/superkompensation.htm
[28] Vgl. Abbildung 2.) im Anhang
[29] Vgl. ebd.
[30] Vgl. Morán Esquerdo, Óscar (2011). Enzyklopädie Muskeltraining.
[31] http://www.natural-bb.de/phpBB_CMS/index.php?cat=3&topic=1866&post=17207

gestellt werden, da lediglich mit physischer Belastung kein Muskelaufbau von statten gehen kann. Die Zufuhr von Nahrungsstoffen wie Eiweiß, Kohlenhydraten, Fett oder Mineralstoffen reguliert die Stoffwechselaktivität. Sie sind für den Prozess der Hypertrophie erforderlich. Besonders die Kohlenhydrate und Fette dienen als Energielieferanten und beziehen sich grundlegend auf den Energiestoffwechsel. Um eine Leistung erbringen zu können, muss bei Erschöpfung nach einem derartigen Training eine Auffüllung mit Energiereserven folgen. Die Energiespeicher müssen also wiederaufgefüllt sein, damit der Körper für die nächste Anstrengung gewappnet ist. Zusätzlich muss der Baustoffwechsel in Betracht gezogen werden, denn diese Art des Stoffwechsels bewirkt einen Aufbau neuer Körperzellen.[32] Hierfür werden Proteine, die Hauptbestandteile der Muskulatur, benötigt. Entscheidend ist, dass nicht wie oft vermutet, nur eine eiweißreiche Ernährung den Muskelaufbau unterstützt. Auch ist es von Bedeutung, besonders nach dem Training eine hinreichende Menge an Kohlenhydraten zuzuführen, um einem abbauenden Effekt entgegenzuwirken. Ein Schwinden der Muskulatur kann auftreten, wenn die zugeführte Menge an Fetten und Kohlenhydraten nicht mehr ausreicht. Eiweiß wird sekundär für den Energiestoffwechsel herangezogen. Bei einer Unterversorgung greift der Körper auf die Reserven der Muskulatur zurück. Die Proteinbausteine werden dafür in energiespendende Glukose verwandelt und ein Muskelschwund wäre die Folge. Prinzipiell sind hinreichende Mengen an Eiweiß und Kohlenhydraten nach dem Training die grundlegenden Komponenten. Bei einer Einnahme von hohen Rationen an Proteinen ist besonders die Flüssigkeitszufuhr zu bedenken. Denn eine zu hohe Dosis kann sich schädlich auswirken. Das Stoffwechselendprodukt von Eiweißen (Harnstoff) wird in größeren Mengen produziert und kann nur mit hinreichender Flüssigkeit komplett ausgeschieden werden. In einem anderen Fall können die Nieren belastet werden. Der Muskelzuwachs erfolgt nicht während des Trainings, daher sind die Ruhephasen danach und die entsprechende Versorgung äußerst bedeutsam. Unmittelbar nach dem absolvierten Training sollten dem Körper ausreichende Mengen an den essentiellen Nährstoffen zugeführt werden, damit die Reparaturprozesse der Myoblasten schnellstmöglich bewerkstelligt werden. Um einer Dehydrierung vorzubeugen sollte dem Körper am besten sowohl während als auch besonders nach dem Training Flüssigkeit zugeführt werden um den Wasserverlust wieder auszugleichen. Bei der Hypertrophie sind

[32] http://www.sportunterricht.de/lksport/ernae3.html

zusammengefasst der gesetzte Reiz durch das Training und eine proteinreiche Ernährung wesentliche Faktoren, welche sich in einem optimalen Zusammenspiel befinden sollten.

5.Anabolika und die Auswirkungen auf die Hypertrophie

5.1 Wirkung auf den Organismus

Durch die Einnahme anabol wirkender Substanzen kann der Muskelaufbau gezielt unterstützt werden.[33] Jedoch ist die Verwendung oder der Gebrauch dieser illegalen Präparate, außerhalb der zulässigen therapeutischen Nutzung, umstritten und aufgrund von zahlreichen gesundheitsschädlichen bis hin zu tödlichen Nebenwirkung rechtlich nicht erlaubt: „Es ist verboten, Arzneimittel nach Absatz 2 Satz 1 zu Dopingzwecken im Sport in den Verkehr zu bringen, zu verschreiben oder bei anderen anzuwenden, sofern ein Doping bei Menschen erfolgt oder erfolgen soll.``[34]

Am häufigsten tritt Anabolika in Form von künstlich hergestellten Hormonen (Steroiden) auf. Bekannte Steroide sind Nandrolon, Metenolon und Stanozolol.[35] Diese sind in ihrer Struktur auf das männliche Geschlechtshormon Testosteron zurückzuführen und wirken zweierlei. Zum einen haben die Substanzen enorme Auswirkungen „auf die inneren und äußeren männlichen Geschlechtsmerkmale [36], was auch als androgener Effekt bezeichnet wird. Zum anderen begünstigt die Einnahme von Anabolika die Stoffwechselaktivität und die Fettverbrennung. Nebenbei wird besonders der Eiweißstoffwechsel angeregt, wodurch die Proteinsynthese und folglich der Prozess des Muskelaufbaus unterstützt wird.[37] Dies nennt man die anabole (=aufbauende) Wirkung, worauf auch die Bezeichnung Anabolika verweist. Parallel dazu wird durch den Einsatz von Anabolika auch ein Abbau körpereigener Eiweiße gehemmt.[38]

Bei einer intramuskulären Applizierung gelangt der Wirkstoff direkt ins Blut und zirkuliert über den Blutkreislauf durch die Blutbahnen. Die Steroide enthalten eine bestimmte Information, die an Steroidrezeptoren, die sich an der Zellwand der Muskulatur befinden, vermittelt werden. Die einzelnen

---

[33+38] http://www.dr-gumpert.de/html/muskelaufbau_und_anabolika.html
[34] http://www.gesetze-im-internet.de/amg_1976/__6a.html
[35] http://www.dr-gumpert.de/html/anabole_steroide.html
[36-37] http://www.sportunterricht.de/lksport/anabolika.html

Steroidmoleküle docken über ein Schlüssel-Schloss-Prinzip aufgrund starker Affinität an die Rezeptoren an. Normalerweise sind es die Testosteronmoleküle die hier eine Verbindung eingehen. Steroidmolekül und Rezeptor formen schließlich einen Komplex und die Muskelzelle erhält daraufhin die vom Steroidmolekül übermittelte Information. Von all den Steroidmolekülen sind jedoch nur etwa 1-2% funktionstüchtig, weil die verbleibenden 98% an SHBG binden (Sexualhormonbindendes Globulin). Die SHBG-Affinität variiert jedoch je nach Steroid, daher können die Prozentangaben nicht verallgemeinert werden.[39] Nach der eingegangenen Verbindung formatiert der Komplex und wandert in den Nucleus (Zellkern). Dort bindet er sich an bestimmte Basensequenzen der DNA. Schließlich kommt es zur Proteinbiosynthese. Die DNA - Abschnitte werden in einen RNA - Strang transkribiert. Die entstandene Messenger- RNA (m-RNA) wandert aus dem Zellkern. Im Zytoplasma bindet es sich an die Ribosomen, wo es in Peptidketten umgewandelt wird (Translation). Die gebildeten Proteine lagern sich in die muskulären Myofibrillen ein und erhöhen so die Gesamtmasse der Muskelproteine Myosin und Aktin. Prinzipiell wird die Proteinsyntheserate durch erhöhte Zufuhr an Hormonen grundlegend gesteigert. Aus diesem Grund hat die äußere Zufuhr von Testosteron ähnliche Wirkungen wie künstliche Steroide.

Hinsichtlich der Wirksamkeit von Anabolika auf die Kraftsteigerung spalten sich die Meinungen. Manche Wissenschaftler vertreten den Standpunkt, dass ein bloßer Placebo-Effekt zustande kommt[40], die Präparate also keinen leistungssteigernden Effekt erzielen würden. Es wird kontrovers diskutiert, ob eindeutige Verbesserungen der Leistung bewirkt werden oder die Muskulatur lediglich an Masse zunimmt. Zu beachten ist, dass eine Wirkung auf den Muskelzuwachs erst dann erzielt wird, wenn die Einnahme der Steroide in Verbindung mit körperlichem Training erfolgt. Bei diesem muss der optimale Reiz gesetzt werden. Der Grund dafür liegt in den in Voraussetzungen, die geschaffen werden müssen um eine Aktivierung der protein-synthetisierenden Satellitenzellen zu bewirken. Denn wie bereits geschildert, können diese nur an geschädigten Arealen der Muskelfasern ansetzen.

5.2 Nebenwirkungen

[39] http://anabolikamuskeln.wordpress.com/

[40] http://www.sportunterricht.de/lksport/anabolika.html

Der Wirkstoff Anabolika hat besonders aufgrund der androgenen Wirkung erhebliche schädliche Auswirkungen auf den menschlichen Organismus. Die Einnahme ist mit zahlreichen Risiken verbunden und teilweise führen die Nebenwirkungen sogar zum Tod. Durch die äußere künstliche Zufuhr von Hormonen kann die körpereigene Produktion stark beeinträchtigt werden. und es kommt zu einer Rückbildung der Hoden sowie zu einer Verschlechterung der Samenqualität[41] Damit einher geht eine Abnahme der Fertilität. Neben der Senkung des Testosteronspiegels steigen die Werte von Östrogen, dem weiblichen Geschlechtshormon an. Aus diesem Grund entwickeln sich bei Männern oftmals Brustansätze (Gynästomastie). Hingegen wirkt sich der erhöhte Hormonspiegel bei Frauen in die gegenteilige Richtung aus. So führt die Einnahme der Steroide zu einer tiefen Stimme und zum Bartwuchs. Dies ist unter der Vermännlichung (Virilisierung oder Androgenisierung) zusammenzufassen.[42] Besonders riskant ist die Einnahme von Anabolika bei Jugendlichen, weil sich die Wachstumsfuge, auch Epiphysen Fuge genannt, schließt. Grund hierfür ist erneut die hormonelle Regelung, die durch Anabolika aus dem Gleichgewicht gerät. Bis zum Ende der Pubertät wird das Wachstumshormon STH (Somatotropes Hormon) ausgeschüttet. Mit der Abnahme des Hormonspiegels des Wachstumshormons wird dieser Prozess des Wachstumsschubs verlangsamt. Schließlich schließen sich die Wachstumsfugen zu einer feinen Linie [43]. Weil also das Hormon Testosteron die Ausprägung der männlichen Merkmale beschleunigt, stoppt es den Prozess der Pubertät und somit wird die Sekretion des Wachstumshormons STH beeinträchtigt. Daraufhin wird das Wachstum gestoppt. Nicht zuletzt wird auch die Psyche gewaltig unter der hormonellen Veränderung beeinflusst. Oftmals sind Depressionen oder Aggressionen die Folge.

5.3 Vergleich natürliche Hypertrophie- Anabolika

Der normale Muskelaufbau vollzieht sich nach einem optimalen Trainingsreiz durch eine ausgewogene Ernährung und Regeneration. Kommt es jedoch zum Einsatz anaboler Steroide, verlässt sich der Organismus auf die künstlich zugeführten Hormone, die zwar eine verstärkte Hypertrophie bewirken, zugleich jedoch auch erhebliche körperliche Folgeschäden. Wegen des Ersatzes der natürlichen Hormone durch künstliche wird der Hormonhaushalt beträchtlich aus der Balance gebracht.

[41-42] http://www.dr-gumpert.de/html/anabole_steroide.html

[43] http://www.medizininfo.de/becken/anatomie/wachstumsfugen.shtml

Zieht man nun einen Vergleich heran, so stellt sich zunächst heraus, dass durch Anabolika erhebliche Hypertrophie-steigernde Effekte erzielt werden können. Jedoch wird eine tatsächliche Leistungssteigerung bei Männern noch heute in Frage gestellt. Neben der erheblichen Zunahme der Muskelmasse muss auch bedacht werden, dass es gegebenenfalls sogar zu einer Behinderung einzelner Muskelgruppen kommt, obwohl diese im Normalfall miteinander kooperieren sollten. Dadurch wird die flüssige Bewegung eingeschränkt [44]Dies widerspricht also dem natürlichen ausgewogenen Verhältnis der Agonisten und Antagonisten. In beiden Fällen, also in einem Fall des Muskelzuwachses durch normale Ernährung und Training und dem Einsatz von Anabolika, muss eine gewisse physische Belastung erfolgen. Denn ohne diese wäre ein Einsatz von Dopingmitteln wirkungslos. Im Gegenteil würde durch die bloße Zufuhr solcher Präparate sogar Fett eingelagert werden. Zeitlich bedingt und vom Aufwand her ist gewiss ein Muskelaufbau in natürlicher Hinsicht schwerer zu erreichen. Er kann mit der Schnelligkeit, mit der die Hypertrophie durch das hinzugefügte Testosteron erfolgt, nicht verglichen werden. Dennoch überwiegen die Gründe, einen ,,sauberen Sport auszuüben, weil allein die Risiken und Gefahren die mit dem Gebrauch von Anabolika verbunden zu erheblich sind. Ohnehin würde man sich als Sportler, der mit einer derartigen Einnahme stets eine Disqualifizierung zu erwarten hat, sich auf eine zweifelhafte Karrierelaufbahn begeben. Alternativ sollten sich Kraftsportler statt unerlaubtem Doping die Zufuhr sinnvoller, legaler Nahrungsergänzungen in Form von Eiweißprodukten zu Nutze machen. Nach dem Krafttraining wird auf diese Weise ein Abbau der Muskelmasse verhindert und der körpereigene Eiweißaufbau unterstützt. Anstatt auf illegale Steroide zurückzugreifen, können Kraftsportler alternativ legale Nahrungsergänzungen einnehmen. Eiweißprodukte etwa in Form von Eiweißshakes würden eine von zahlreichen Alternativen darstellen.

6.Fazit

Generell führt ein Krafttraining zu Verbesserungen auf neuronaler als auch auf motorischer Ebene. Der Aufbau von Muskelmasse hat weitere vielfältige Auswirkungen auf den Organismus, wodurch die Leistungsfähigkeit und die Alltagstauglichkeit verbessert werden. Der Kraftzuwachs geht in der Regel stets mit einer Förderung der Gesundheit einher. Viele Kraftsportler greifen auf Anabolika zurück. Unter Anabolika versteht man künstliche Hormone,

[44] Bauer, Ernst Waldemar (1978). *Humanbiologie*. S.161

welche die Proteinsynthese anregen. Dadurch ist eine Hypertrophie in verstärkter Form innerhalb eines kürzeren Zeitraums möglich, dennoch muss für eine Wirksamkeit ähnlich wie bei dem natürlichen Muskelaufbau ein Trainingsreiz gesetzt werden. Führt man sich nun vor Augen, dass die scheinbaren Vorteile des Einsatzes durch Anabolika den Risiken und Gefahren gegenüberstehen, denen man bei derartigen Mitteln zugleich ausgesetzt ist, stellt sich heraus, dass es gewiss Alternativen zum Doping gibt, die dennoch Erfolg und Leistung aufrechterhalten und darüber hinaus die Kraft steigern. Insgesamt sind die Trainingseffekte individuell abweichend, da auch noch weitere Faktoren wie z.B. Intensität des Trainings, Reaktionsbereitschaft auf Kraftreize, das Geschlecht oder die genetische Disposition für die Hypertrophie entscheidend sind.

Eine Schwierigkeit, die während der Erarbeitung der Facharbeit aufkam, bestand darin, dass einige Gebiete der Muskelphysiologie bis heute nicht komplett erforscht sind und einige Theorien bestehen, die sich sogar selbst widersprechen wie beispielsweise die Hyperplasie und die Hypertrophie. Gerade aufgrund dieser teils unzureichenden wissenschaftlich fundierten Erkenntnisse war es kompliziert Literatur zu finden, die sich tiefgründig mit den biologischen Prozessen befasst.

Zusammenfassend ergibt sich aus der Bearbeitung, dass die Einnahme von Dopingmitteln nicht nur den Körper und die Leistung verändert, sondern darüber hinaus in besonderem Maße die Psyche, die durch die künstlichen Hormone nachhaltig beeinflusst wird. Auch das Umfeld ist somit von den Aggressionen oder Depressionen als nur zwei der vielen möglichen Folgen, betroffen. Gravierende Langzeitschäden von Herz oder Leber sind bei längerem Einsatz irreparabel. Häufig kam es in Fällen einer Überdosierung oder falschen Einnahme sogar zum Tod. Letzten Endes ist entscheidend, dass basierend auf den gewonnenen Erkenntnissen und der Abwägung von Vorteilen und Risiken beim Doping von jeglichem Einsatz dessen abzuraten ist. Aus der erarbeiteten zentralen Fragestellung wird ersichtlich, dass durch ein diszipliniertes und intensives Training in Verbindung mit ausgewogener und proteinreicher Ernährung mit viel Geduld die Möglichkeit gegeben ist, einen erfolgreichen Muskelaufbau zu erzielen, ohne dass der Körper den Gefahren des Dopings ausgesetzt ist.

7. Literaturverzeichnis

Bücher

- Bauer, Ernst Waldemar (1978). *Humanbiologie.* Cornelsen- Velhagen & Klasing Verlag, Berlin
- Despeghel, Michael (ohne Jahr) *High Intensity Training.* Gräfe und Unzer Verlag GmbH, München
- Grillparzer, Marion (2007). *Körperwissen.* Gräfe und Unzer Verlag GmbH, München
- Kleesattel, Walter (2007). *Biologie Kompaktwissen Oberstufe.* Cornelsen Verlag GmbH & Co. KG, Berlin
- Morán Esquerdo, Óscar (2011). *Enzyklopädie Muskeltraining.* 4.Auflage, HEEL Verlag GmbH, Berlin
- Müller- Wohlfahrt, Hans-Wilhelm (2002). *Mensch, beweg Dich!* Verlag Zabert Sandmann, München
- Vogel, Günter/ Angermann, Hartmut (1968*). Dtv-Atlas zur Biologie*, Band 2. Deutscher Taschenbuch Verlag GmbH & Co. KG, München

Artikel aus Zeitschriften

- Bloss, Oliver (2011) Men s Fitness. Artikel: *Warum sie Gewichte stemmen sollten.*Ultimate Guide Media, Hamburg. Ausgabe 08/11

Weitere Quellen

- [Anon] (ohne Jahr) *Studienbrief Trainingslehre 1 [unveröffentlichtes Manuskript],* Deutsche Hochschule für Prävention und Gesundheitsmanagement

Internetquellen

http://www.natural-bb.de/phpBB_CMS/index.php?cat=3&topic=1866&post=17198

http://www.dr-gumpert.de/html/muskulatur.html

http://www.sportunterricht.de/lksport/muauf3.html

http://www.novafeel.de/fitness/training/superkompensation.htm

http://www.sportunterricht.de/lksport/ernae3.html

http://www.dr-gumpert.de/html/muskelaufbau_und_anabolika.html

http://www.gesetze-im-internet.de/amg_1976/__6a.html

http://www.dr-gumpert.de/html/anabole_steroide.html

http://www.sportunterricht.de/lksport/anabolika.html

http://anabolikamuskeln.wordpress.com/

http://www.medizininfo.de/becken/anatomie/wachstumsfugen.shtml